SOCIÉTÉ GÉNÉRALE

D'ÉCLAIRAGE ET DE FORCE MOTRICE

64, Chaussée d'Antin, 64

PARIS

Concessions de la ville de Paris, des villes de Saint-Quentin, Angoulême, etc.

Adresse Télégraphique : POPPAIR

TÉLÉPHONE N° 11667

TRAMWAYS PNEUMATIQUES POPP-CONTI

BREVETÉS EN TOUS PAYS

ÉTUDES ET DEVIS D'INSTALLATIONS COMPLÈTES POUR TRAMWAYS.

CONSTRUCTION A FORFAIT DE TOUT LE MATÉRIEL

CONSTRUCTION ET INSTALLATION DES LIGNES

Pour tous renseignements :

S'adresser à la **SOCIÉTÉ GÉNÉRALE d'ÉCLAIRAGE & de FORCE MOTRICE**

64, CHAUSSÉE D'ANTIN

LES

TRAMWAYS PNEUMATIQUES

POPP-CONTI

POUR TOUS RENSEIGNEMENTS :

S'ADRESSER A LA

SOCIÉTÉ GÉNÉRALE d'ÉCLAIRAGE & de FORCE MOTRICE

64, RUE DE LA CHAUSSÉE-D'ANTIN

PARIS
IMPRIMERIE ET LIBRAIRIE CENTRALES DES CHEMINS DE FER
IMPRIMERIE CHAIX
SOCIÉTÉ ANONYME AU CAPITAL DE CINQ MILLIONS
Rue Bergère, 20
1896

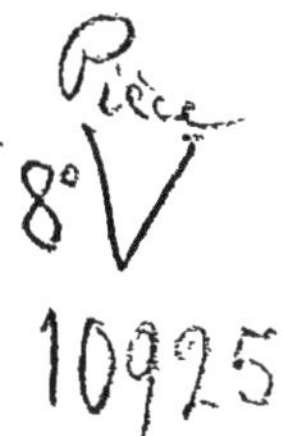

LES

TRAMWAYS PNEUMATIQUES

POPP-CONTI

Depuis plusieurs années se manifeste une tendance générale à remplacer, sur les lignes de tramways, la traction animale par la traction mécanique. Cette substitution, en abaissant le prix de revient du kilomètre-voiture, l'unité adoptée en matière de tramways, a contribué pour beaucoup au développement des réseaux urbains qui finiront par constituer de véritables métropolitains.

Mais tous les procédés de traction mécanique ne conviennent pas également. Les conditions à remplir par le moteur, conditions d'économie, de sécurité, de salubrité, etc., sont telles que l'élimination s'est faite d'elle-même, et bientôt deux modes de traction sont seuls restés en présence : l'électricité et l'air comprimé.

La faveur a été d'abord à l'électricité. Et la traction électrique, sous ses deux formes : voitures à accumulateurs, et surtout voitures à trolley, a pris une grande extension. Mais peu à peu on s'est aperçu des graves inconvénients de ces modes de traction. Ces inconvénients sont tels que l'on a dû chercher un autre agent de transmission de la puissance mécanique. Les grands progrès réalisés depuis quelque temps dans la construction des appareils de compression de l'air ont permis à l'air comprimé d'entrer victorieusement en lutte avec l'électricité.

On a d'abord construit une voiture automobile emportant avec elle une quantité d'air suffisante pour parcourir de grandes distances. C'est, en somme, le même principe que celui qui a présidé à la construction de l'automobile électrique à accumulateurs; et les inconvénients de ce système se retrouvent dans la première application de l'air comprimé à la traction mécanique. On ne pouvait pourtant pas songer, pour l'air comprimé, à employer une solution du même genre que le trolley. C'eût été revenir à cinquante ans en arrière, et au chemin de fer atmosphérique de Saint-Germain. MM. Victor Popp et James Conti ont étudié et réalisé une solution mixte, qui conserve à la voiture l'automobilité qui lui est indispensable et atténue à peu près complètement les inconvénients résultant de cette automobilité. Ils se servent dans ce but d'une canalisation d'air comprimé leur permettant de recharger les réservoirs de la voiture automobile en des points convenablement choisis de son parcours.

Ce nouveau système de traction mécanique a été adopté par les villes de Saint-Quentin, Angoulême, Lyon, etc., où il a obtenu la préférence sur le système électrique à fil aérien. Les villes de Saint-Quentin et Angoulême présentent de très fortes rampes qui avaient, jusqu'à présent, rendu impossible toute installation de tramways. Les débuts des voitures *Popp-Conti* s'y font donc dans des conditions particulièrement propres à permettre d'apprécier la valeur de ce mode de traction par l'air comprimé.

Les trains se composent de trois voitures au plus et

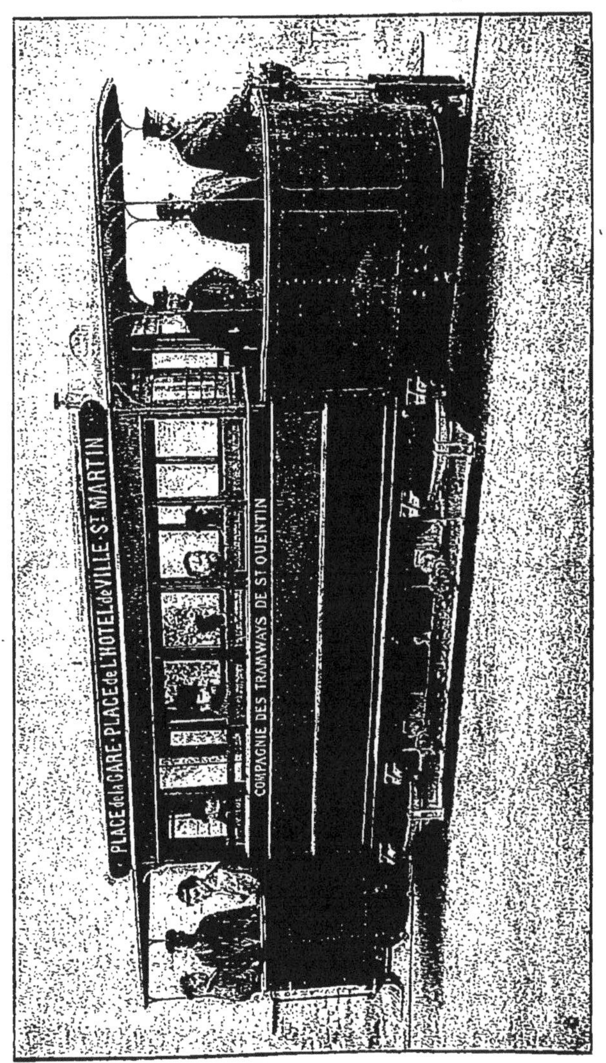

Fig. 1. — Vue d'une voiture du tramway de Saint-Quentin, système Popp-Conti.

leur longueur totale ne devra pas dépasser 30 mètres. La vitesse moyenne des trains en marche est de 12 kilomètres à l'heure, à l'intérieur des villes, et elle pourra être de 25 à 40 kilomètres à l'extérieur.

La Société qui exploite les brevets *Popp-Conti* n'a pas craint de se charger du remorquage.

DESCRIPTION DE LA VOITURE

Les voitures sont à double suspension. Le châssis du truck est suspendu à des ressorts à lames prenant leur point d'appui sur les boîtes à graisse, directement au-dessus des essieux. La caisse vient ensuite reposer sur un châssis supérieur suspendu sur d'autres ressorts placés aux extrémités du châssis du truck.

L'usage de ce dispositif permet d'obtenir une suspension

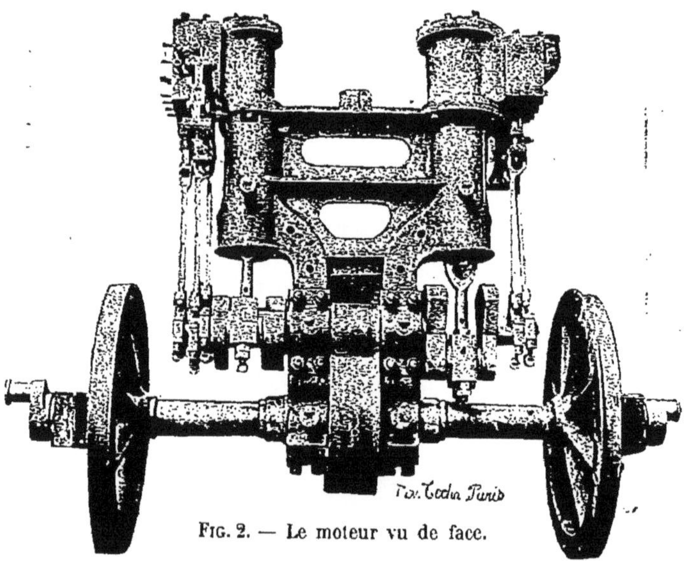

FIG. 2. — Le moteur vu de face.

très douce. Il a également l'avantage de se prêter à l'emploi d'essieux très rapprochés, même pour le cas de voitures de grande longueur, ce qui donne une grande commodité pour aborder les courbes de faibles rayons.

Les deux essieux sont reliés entre eux au moyen de bielles d'accouplement. L'un d'eux seulement est attaqué

Fig. 3. — Le moteur vu de côté.

par le moteur à air comprimé, par l'intermédiaire de deux roues d'engrenages noyées dans un réservoir d'huile entièrement clos.

Les figures 1, 2, 3, 4 et 5 permettent de se rendre faci-

FIG. 4. — Vue en bout d'un truck de voiture pneumatique, système Popp-Conti.

lement compte de la simplicité et de la solidité du moteur à air comprimé.

On remarquera que le moteur est placé au centre de la voiture, ce qui supprime les mouvements de lacet si désagréables de certaines voitures à vapeur ou à air comprimé.

Le moteur est compound et à détente variable.

Son bâti, en acier coulé, est d'une extrême solidité.

Très facilement accessible par l'intérieur de la voiture, ce qui en rend la visite très facile, ce moteur peut, en cas de réparations, être très rapidement enlevé et remplacé par un autre, ce qui permet, en cas d'accident de ne pas immobiliser entièrement la voiture jusqu'à ce que la remise en état du moteur soit terminée.

Le moteur compound peut, selon les points de la route, marcher à double expansion ou à admission directe dans les deux cylindres.

La commande de la voiture qui peut se faire des deux plates-formes est remarquablement simple. Le mécanicien a devant lui un volant et trois petits robinets (*fig. 6*). Ces derniers sont destinés aux usages suivants :

Le premier commande le changement de marche. En effet, les coulisses Stephenson, au lieu d'être actionnées par une série de leviers, sont commandées directement par de petits pistons à air comprimé. Le petit robinet en question a donc pour effet de faire monter ou descendre les coulisses. On a peut-être déjà remarqué que, par ce procédé, les coulisses ne peuvent occuper que leurs deux positions extrêmes. Cela n'a pas d'inconvénient, car on ne leur demande pas de régler la détente. On règle l'admission au petit cylindre à l'aide de la détente Meyer qui est commandée directement par le grand volant placé devant le mécanicien. Le second petit robinet commande le joint ; nous en décrirons plus loin le fonction-

Fig. 5. — Le truck vu de côté.

nement. Le troisième petit robinet sert à la commande du

Fig. 6. — Voiture vue en bout.

frein de sûreté; il permet d'introduire directement la pression derrière les pistons qui actionnent les freins.

Il ne reste donc plus qu'à décrire le fonctionnement du volant. Ce volant produit des effets différents à chaque tour que le mécanicien lui fait faire. Le premier tour permet de régler graduellement la pression sur les freins. Plus le mécanicien tourne à gauche, plus la pression augmente ; s'il tourne à droite, au contraire, la pression diminue, et cela, de telle façon qu'à chaque position du volant correspond une pression sur les freins. Supposons le volant au bas de sa course à gauche, les freins recevront la pression maxima. Si le mécanicien fait un tour à droite, la pression des freins décroîtra progressivement et arrivera à zéro. A ce moment le moteur se trouve également à l'air libre. Si le mécanicien continue à tourner sur le volant à droite, il ouvrira progressivement l'introduction de l'air dans le petit cylindre, jusqu'au moment où il aura terminé son deuxième tour. Il sera alors en pleine marche compound, et le mécanicien réglera la marche du train à l'aide du volant commandant la détente Meyer.

Le volant peut faire trois tours ; le troisième est en quelque sorte un secours qui permet de tripler la force du moteur. En effet, si le mécanicien continue à tourner son volant à droite, il va passer de la marche compound à la marche directe, c'est-à-dire qu'il va mettre l'échappement du petit cylindre à l'air libre et qu'il va introduire progressivement et directement l'air qui vient des réservoirs dans le grand cylindre de telle façon que, lorsqu'il va rencontrer la butée à droite, les deux cylindres seront en pleine pression. Lorsqu'il tournera son volant à gauche, il produira les effets inverses, c'est-à-dire qu'après le premier tour à gauche, il sera revenu à la pleine marche compound ; après le second tour, le moteur sera à l'air libre, et après le troisième tour, la pression des freins sera maxima.

Cette manœuvre a l'avantage de rendre impossible toute confusion de la part du conducteur, car on remarquera que, pour agir sur les freins, il est obligé malgré lui de mettre le moteur à l'air libre, et inversement.

On voit que, grâce au système de distribution que nous venons de décrire, les diverses combinaisons d'admission de l'air comprimé dans les cylindres des moteurs, les départs, le réglage de l'effort moteur et de la vitesse de marche, les arrêts, la commande des freins s'opèrent dans un ordre parfaitement déterminé et réglé par la simple manœuvre d'une manivelle placée sous la main du cocher. Il est à remarquer qu'aucun mécanisme ne se trouvant sur les plates-formes, celles-ci sont absolument libres et toujours accessibles aux voyageurs.

Ce fait constitue, au point de vue de la capacité de transport, un avantage sérieux sur les systèmes de tramways à air comprimé actuellement en usage.

D'autre part, les voitures pouvant marcher dans les deux sens, il n'est plus nécessaire de prévoir l'installation, aux têtes de lignes, de plaques tournantes d'une pose et d'un entretien coûteux.

RENDEMENT DU SYSTÈME POPP-CONTI

Voyons maintenant en quoi le système Popp-Conti est supérieur aux autres systèmes employant également l'air comprimé.

Les seuls tramways à air comprimé connus jusqu'à ces derniers temps étaient, ceux à accumulateurs d'air, que nous voyons fonctionner dans Paris sur les lignes de tramways : Saint-Augustin-Cours-de-Vincennes et Louvre-Versailles, appartenant à la Compagnie des Omnibus. On a été fatalement conduit à employer l'air comprimé à des pressions très élevées (60 kilogrammes sur la ligne de Saint-Augustin et 80 kilogrammes sur la ligne de Versailles) pour en assurer le service.

C'est un sérieux inconvénient. En effet, il faut emmagasiner de grandes quantités d'air dans un espace restreint. On doit par suite comprimer l'air à une très grande pression qui n'est pas inférieure, bien souvent à 80 kilogrammes. D'où la nécessité de construire les réservoirs en tôles d'acier épaisses et l'inconvénient d'un poids considérable qui s'ajoute à celui de la provision d'air qu'ils renferment. Le châssis de la voiture porte ces réservoirs. Il doit donc être renforcé et le résultat final est une augmentation notable du poids mort de la voiture, par suite de l'effort de la traction et de la puissance motrice à développer à l'usine.

MM. Victor Popp et James Conti se sont préoccupés, avant tout, de n'employer l'air qu'à des pressions comprises entre 15 et 25 kilogrammes. L'emploi de ces pressions modérées présentait d'ailleurs d'autres avantages très appréciables. Du moment où l'on emploie des pressions relativement basses, il devient possible d'alléger très sensiblement le poids des réservoirs d'air placés sur l'automobile, ce qui diminue le poids mort que la voiture doit remorquer, poids mort qui comprend le poids des réservoirs eux-mêmes et le poids de la charge d'air comprimé qu'ils contiennent. Le poids de cette charge d'air diminue naturellement d'une manière sensible si l'on emploie de l'air comprimé à 20 kilogrammes au lieu d'employer de l'air à 80 kilogrammes. Les réservoirs et leur contenu étant plus légers, on peut employer, pour les supporter, des châssis de trucks beaucoup moins lourds. On a une moindre fatigue du rail, etc. Tout cela se traduit par un poids moindre, et par de moindres dépenses de premier établissement.

Supposons, en effet, l'automobile fonctionnant seule, sans remorque. Une voiture de 50 places du système Popp-Conti, pèse en pleine charge, environ 10 tonnes, savoir :

Truck, caisse, roues et moteur .	Kil.	4.900
Réservoirs et réchauffeurs		1.600
Voyageurs		3.500
TOTAL. . . .	Kil.	10.000

L'automobile Mékarski aurait pesé dans les mêmes conditions 14 tonnes, savoir :

Truck, caisse, roues et moteur.	Kil.	7.700
Réservoirs et réchauffeur		3.180
Voyageurs		3.500
TOTAL. . . .	Kil.	14.380

Le rapport à développer dans ce cas est donc :

$$\frac{10}{14} = 0,714.$$

S'il y a une voiture d'attelage la diminution est moins sensible mais elle subsiste quand même. La voiture d'attelage du système Popp-Conti pèse, en charge, 6.000 kilos, comme la voiture système Mékarski. Le rapport des efforts n'est plus que de :

$$\frac{10 + 6}{14 + 6} = 0,8.$$

Ajoutez à cela que l'on perd le travail de détente de l'air entre la pression qu'il possède dans les réservoirs et la pression à laquelle on l'admet dans l'appareil moteur (6 atmosphères en moyenne), et que cette perte, compensée, il est vrai, en partie, en réchauffant l'air est d'autant plus grande que la différence des pressions est elle-même plus considérable.

Il est facile de connaître l'importance du travail perdu de la sorte. Les perfectionnements apportés maintenant à la construction des compresseurs et la compression par cascades permettent de considérer la compression comme s'opérant d'après la loi de Mariotte. On peut donc prendre comme expression du travail total $\mathfrak{T}$ dépensé pour comprimer à N atmosphères un mètre cube d'air et l'introduire dans les réservoirs, la formule connue :

$$\mathfrak{T} = 23793 \log N$$

qui donne $\mathfrak{T}$ en kilogrammètres.

Faisant les calculs, on voit que le travail total nécessaire pour comprimer l'air à diverses pressions est le suivant :

Pression en atmosphères.......	15	20	25	45	60	80
Travail nécessaire en kilogrammètres.	27946	30935	33261	39335	42307	45250

Si l'on prend comme unité le travail nécessaire pour comprimer l'air à quinze atmosphères, le tableau ci-dessus devient :

Pression en atmosphères.......	15	20	25	45	60	80
Travail nécessaire en kilogrammètres.	1.00	1.11	1.19	1.41	1.51	1.62

On voit donc, d'une façon frappante, que la marche à des pressions de 60 ou 80 kilogrammes représente une dépense moitié plus élevée que la marche à des pressions de 15 ou 20 kilogrammes. Le travail à produire étant moitié plus fort, il s'ensuit qu'il faut, à l'usine centrale, des compresseurs, des moteurs et des chaudières moitié plus puissants. La consommation de charbon et la consommation d'eau sont moitié plus fortes. Il faut plus de terrain, des bâtiments plus vastes, plus de personnel, plus d'huile de graissage, plus de dépenses de toutes sortes. En outre, il faut, si la ligne à exploiter atteint (comme celle de Saint-Augustin-Vincennes à Paris) dix-huit kilomètres aller et retour, multiplier les usines pour une pareille ligne et renoncer à n'avoir qu'une usine centrale.

Ce n'est pas tout.

Nous avons dit que M. Mékarski, comme d'ailleurs MM. Victor Popp et James Conti, réchauffe l'air qui s'est détendu jusqu'à une pression moyenne de 6 atmosphères avant de l'envoyer dans les cylindres de son moteur. C'est une façon de récupérer, et à peu de frais, une partie du travail perdu pendant la détente.

L'importance du réchauffage de l'air est considérable.

Supposons, en effet, pour commencer, que nous n'ayons aucun réchauffage et que l'air soit admis dans les cylindres du moteur à la pression moyenne de six atmosphères et à la température de quinze degrés centigrades, la détente de l'air dans les cylindres s'effectuant de six atmosphères à la pression atmosphérique.

T température absolue à l'admission dans le cylindre.

Dans cette première hypothèse, la détente est presque adiabatique. Soit :

T′ température absolue à l'échappement.

La capacité calorifique de l'air à volume constant étant 0,17, la quantité de chaleur transformée pendant la détente par kilogramme d'air est :

$$0{,}17\ (T - T').$$

Le travail correspondant sera donc, en kilogrammètres :

$$425 \times 0{,}17\ (T - T'). \qquad (1)$$

425 étant l'équivalent mécanique de la chaleur.

Comme, d'après la formule de Laplace, la relation entre les températures absolues et les pressions avant et après la détente, est :

$$\frac{T}{T'} = \left(\frac{P}{P'}\right)^{0,291} \qquad (2)$$

et que nous avons supposé l'air entrant dans le cylindre à la pression moyenne de six atmosphères pour en ressortir à la pression atmosphérique, on a :

$$\frac{P}{P'} = \frac{6}{1} = 6$$

Il est donc très facile, connaissant la température d'entrée dans le cylindre, de calculer la température de sortie. Faisant le calcul, on a le tableau suivant :

Températures à l'admission en degrés centigrades.	+ 15°	+100°	+150°	+200°	+300°
Températures à la sortie en degrés centigrades.	—102°	— 52°	— 22	+ 8°	+ 67°
Travail en kilogrammes	8354	10853	12281	13709	16636
Travail (le travail à la température de + 15°, c'est-à-dire sans réchauffage, étant pris comme unité) . .	1,0	1,3	1,5	1,6	2,0

Ce tableau, montre bien l'importance du réchauffage qui peut, s'il est poussé à + 300° centigrades, doubler le travail produit par la détente. Il montre aussi quelle est l'importance du refroidissement qui se produit pendant la détente, lorsque l'on emploie de l'air non chauffé ou insuffisamment chauffé, refroidissement fort gênant, à beaucoup de points de vue, quand on ne dispose pas de moteurs à air comprimé construits spécialement pour servir de machines frigorifiques.

Ce qu'il y a à noter, c'est que la quantité de chaleur nécessaire à ce réchauffage de l'air est presque nulle. Pour chauffer un kilogramme d'air de + 15° à + 300° il ne faut, en effet, que :

$$0,24\ (300 - 15) = 68 \text{ cal. } 4.$$

ce qui représente la chaleur fournie par la combustion d'environ 10 grammes de charbon. 0,24 est la capacité calorifique de l'air à pression constante.

Pratiquement, on ne doit pas chauffer l'air à + 300°. Le graissage des cylindres deviendrait impossible, les huiles de graissage distillant vers + 270° centigrades.

Pour tourner cette difficulté en même temps que pour obtenir un bien meilleur rendement, on a cherché à réchauffer l'air pendant sa détente dans le cylindre. En effet, si le travail était doublé quand on chauffait l'air à + 300° avant de l'introduire dans les cylindres, la théorie montre que ce travail est presque quadruplé (3,6) si l'on maintient la température constante dans le cylindre.

M. Mékarski a cherché à réaliser ce double réchauffage en faisant passer l'air comprimé dans de l'eau à 135° centigrades, avant son entrée dans le régulateur et il est arrivé à faire produire par kilogramme d'air employé dans les cylindres de son moteur, 20.765 kilogrammètres.

M. Victor Popp a eu recours à la marche en compound. L'air, après un premier réchauffage à + 120° centigrades, est introduit dans le petit cylindre à une pression moyenne de 12 atmosphères. Après s'y être détendu jusqu'à $3^{atm},464$, l'air qui s'est refroidi pendant cette détente partielle, subit un second réchauffage qui le ramène à la température de 120° centigrades, et se rend alors dans le grand cylindre où il achève sa détente jusqu'à 1 atm.

En appliquant la formule de Laplace, nous voyons que T et T', les températures absolues finales à l'échappement sont, dans chacun des deux cylindres, données par les relations :

$$\frac{T}{273^{o} + 120} = \left(\frac{3,464}{12}\right)^{0,291}$$

$$\frac{T'}{273 + 120} = \left(\frac{1}{3,464}\right)^{0,291}$$

et, en effectuant les calculs, on voit que, grâce au choix des températures initiales et de la pression intermédiaire :

$$T = T' = 273^{o},$$

c'est-à-dire que la température finale centigrade est de 0° dans chacun des deux cylindres.

Le travail total fourni par les deux détentes et pour un kilogramme d'air est :

$$\mathfrak{T} = 2 \times 425 \times 0,24 \times 120^{o}.$$

425 est l'équivalent mécanique de la chaleur.

0,24 la capacité calorifique de l'air à pression constante.

En effectuant, on trouve :

$$\mathfrak{T} = 24480 \text{ k}.$$

Nous avons donc deux nombres absolument comparables entre eux; ils nous donnent en kilogrammètres la valeur théorique du travail produit par kilogramme d'air dans le moteur Mékarski ($\mathfrak{T}_{M} = 20765$) (1) et dans le moteur Popp-Conti ($\mathfrak{T}_{P.C.} = 24480$).

(1) D'après la brochure de M. Barbet : « L'air comprimé appliqué à la traction des tramways. ».

Comparons ce travail produit par un kilogramme d'air à celui dépensé à le comprimer, et dans la recherche du rendement du système Mékarski plaçons-nous dans les circonstances où il se rapproche le plus du système Popp-Conti, c'est-à-dire dans le cas particulier des Tramways nogentais où l'air n'est comprimé qu'à 45 atmosphères.

Supposons l'air à la température de 15°. A cette température, le poids du mètre cube d'air est 1k23. Pour comprimer un mètre cube d'air à la pression de 25 atmosphères on dépense 33.261 k. et à celle de 45 atmosphères, 39.335, la dépense pour comprimer un kilogramme d'air sera donc, suivant le cas, de :

$$\frac{33.261}{1,23} = 27.041 \quad \text{et de} \quad \frac{39.335}{1,23} = 31.970.$$

Les rendements théoriques seront donc :

Pour le système Mékarski :

$$\frac{20.765}{31.970} = 0,65$$

Pour le système Popp-Conti :

$$\frac{24.480}{27.041} = 0,90$$

Pour avoir le rendement vrai, il faut tenir compte du rendement mécanique des machines qui compriment l'air et de celui des moteurs qui le débitent. Nous ne ferons pas intervenir les pertes qui peuvent survenir au fait de la canalisation, le calcul et l'expérience montrent qu'elles sont négligeables.

M. Mékarski compte sur un rendement de 0,75 pour les premières et de 0,65 pour les secondes. Le rendement mécanique total est de :

$$0,75 \times 0,65 = 0,4875.$$

MM. Popp-Conti, qui n'installeront dans leurs usines de compression que de grandes unités comprimant l'air au plus à 25 kilogrammes, sont en droit de compter, pour leurs machines fixes, sur un meilleur rendement mécanique que M. Mékarski qui, lui, emploie de petits compresseurs et de très hautes pressions.

Mais même en ne tenant pas compte de ce nouvel avantage et en prenant dans les deux cas le même rendement mécanique total **0,49**, nous arrivons pour le système Popp-Conti à un rendement vrai de **0,441**, alors qu'il n'est que de 0,31 dans le système Mékarski.

Et encore nous nous sommes placés dans les conditions les plus favorables à ce dernier système pour établir cette comparaison. Rappelons, en outre, que nous avons établi plus haut que pour un même nombre de voyageurs, l'effort de traction à produire est dans le rapport de $\frac{10}{14} = 0,714$.

On voit que, même en ne comptant, comme rendement réel, que 49 0/0 du rendement théorique, on a encore, pour la marche à 25 atmosphères de pression, normale dans le système Popp-Conti, le très beau rendement réel de *quarante-quatre pour cent.*

Il est donc absolument inexact que, comme on l'imprime et le réimprime sans cesse depuis des années et sans vérifier cette assertion, l'air comprimé appliqué à la traction des tramways ait un mauvais rendement. Il a au contraire un rendement excellent, supérieur ou au moins égal à celui de n'importe quel autre système.

A tous ces avantages le système Popp-Conti ajoute celui de pouvoir produire la force nécessaire à tout le réseau de tramways d'une ville dans une seule usine centrale de production de la force, à l'usine de compression. Là encore on peut réaliser de sérieuses économies sur les frais de premier établissement des machines, compresseurs, chaudières, de la tuyauterie et des réservoirs.

PRISE AUTOMATIQUE

L'emploi des pressions modérées étant adopté en principe, il fallait que la voiture, emportant avec elle une moindre provision d'air, ayant moins de souffle, pût renouveler cette provision en cours de route.

Là était la difficulté. On ne pouvait songer, en effet, à avoir, comme cela se fait sur les lignes de tramways à accumulateurs d'air, aux stations de rechargement, des ouvriers en permanence sur la voie, vissant des raccords, manœuvrant des robinets, puis dévissant les raccords après le rechargement. Toutes ces manœuvres se traduisent par des stationnements prolongés (jusqu'à 3 ou 4 minutes). Ces pertes de temps sont inadmissibles dans un tramway à traction mécanique qui doit toujours chercher à effectuer son parcours dans un temps aussi court que le permettent la prudence et les règlements de police.

MM. Victor Popp et James Conti se sont posé le problème suivant : Étant données des prises d'air comprimé installées de distance en distance sur une voie de tramway, tous les deux à trois kilomètres, par exemple, arriver à faire que la voiture renouvelle son chargement d'air, automatiquement et en quelques secondes, à chacune de ces prises placées près des bureaux d'arrêts, sans qu'aucune manœuvre sur la voie publique soit nécessaire, sans que le mécanicien ait besoin de descendre de sa voiture.

La solution qu'ils ont trouvée est fort élégante, et

constitue certainement une des parties les plus curieuses de leur système.

Les appareils qui permettent aux voitures de ce système de renouveler en cours de route leur provision d'air comprimé se nomment *prises automatiques.*

Ces prises sont établies près des bureaux de contrôle où la voiture est obligée de s'arrêter.

Après comme avant le passage de la voiture, une simple petite plaque rectangulaire de fonte bitumée, située au niveau de la voie entre les deux rails, et fermée, est

Fig. 7. — Vue d'une prise automatique au repos.

le seul signe extérieur accusant l'existence de la prise d'air (*fig. 7*).

Une prise automatique se divise en deux parties : le distributeur, placé sous la voie publique en des points déterminés, et le récepteur que porte la voiture.

Le distributeur se compose d'un couteau creux, de section lenticulaire, relié à un corps de pompe et qui peut monter et descendre sous l'action de l'air com-

Fig. 8. — Prise automatique. — Détail du distributeur.

primé (*fig. 8*). Dans sa position inférieure, ce couteau se trouve enfermé dans une boite dont on n'aperçoit que le couvercle qui présente l'aspect d'une plaque d'égout ordinaire. Dans sa position supérieure, ce couteau a

FIG. 9. — Prise automatique. — La sortie du couteau.

ouvert deux petites portes noyées dans le couvercle de la boîte et il dépasse le niveau des rails de 15 centimètres environ (*fig. 9*); dans cette position il attend le récepteur

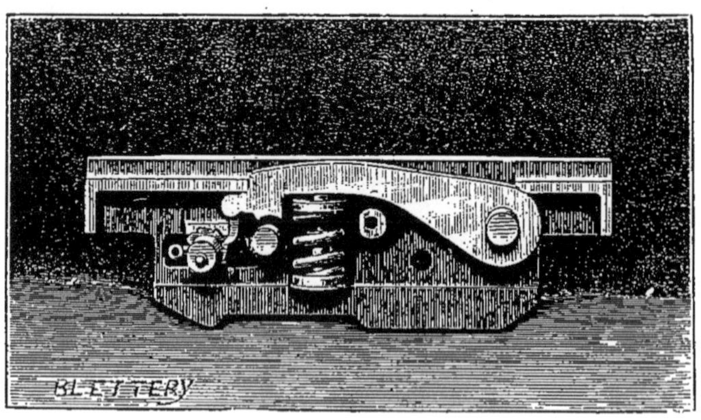

FIG. 10. — Vue de la pédale.

pour s'y engager. La montée du couteau distributeur est

commandée par une pédale. Cette pédale se compose d'un levier placé entre le rail et le contre-rail, et actionné par les boudins des roues (*fig. 10*); ce levier commande l'admission de l'air comprimé sous le couteau distributeur Lorsque la roue d'avant passe sur la pédale, le poids de l'automobile agissant sur le levier, le couteau monte et ne redescend de lui-même que lorsque l'alimentation sera terminée. Il est bien entendu que la pédale ne peut être actionnée que par le boudin de la roue du tramway. En effet, si une autre voiture vient à passer sur le rail, sa roue étant plus large que la gorge où se trouve la pédale, elle ne peut pas appuyer sur le levier. Une voiture très légère, seule, pourrait avoir une roue suffisamment étroite,

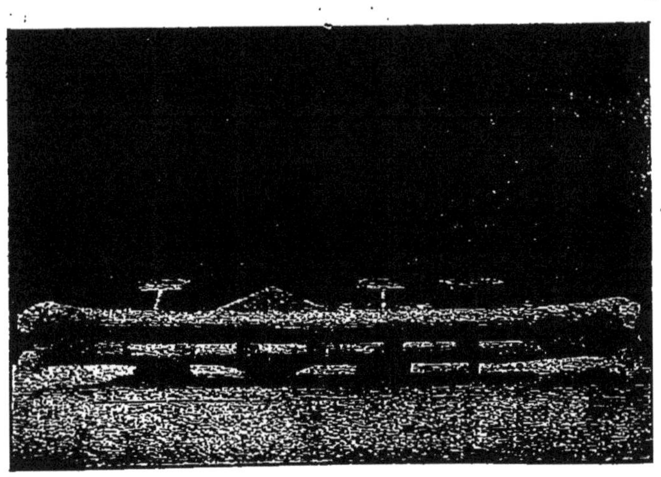

Fig. 11. — Récepteur. — Le joint vu en plan.

pour porter sur cette pédale, mais elle n'aurait aucune action, le poids de l'automobile étant nécessaire pour provoquer le mouvement.

Le récepteur se compose d'une boîte en bronze, fermée

à sa partie inférieure par deux boudins souples, placés l'un à côté de l'autre *(fig. 11)*. Lorsque ces boudins sont sous pression, ils se serrent l'un contre l'autre et forment un joint hermétique. Quand la pression n'agit pas, ils reprennent leur élasticité et permettent à un corps étranger de pénétrer entre eux. Ce principe sert de base au

Fig. 12. — Le couteau engagé dans le joint.

système d'alimentation. Nous allons décrire les différentes phases d'une opération de rechargement.

Lorsque la voiture arrive sur une prise d'air, le

boudin de la roue d'avant a fait sortir le couteau en actionnant la pédale au moment où la voiture passe au-dessus; la roue d'arrière passe à son tour. Le mouvement de la voiture continuant, le couteau pénètre entre deux galets de guidage qui le conduisent entre les deux boudins qui forment le joint (*fig. 12* et *13*). Le mécanicien, prévenu par des repères qui se trouvent sur la voie et par un appareil avertisseur, arrête alors le train. Il a environ un

Fig. 13. — L'opération du rechargement. — Vue prise sous la voiture.

mètre pour s'arrêter. Une fois arrêté, il ouvre un petit robinet placé devant lui.

Cette ouverture a deux effets :

1° La pression restant dans le réservoir a pénétré dans les boudins et a provoqué un joint hermétique autour du couteau ;

2° Cette même pression est venue dans l'intérieur du récepteur et a pénétré dans l'intérieur du couteau en venant de haut en bas. Sous son action, un clapet différentiel qui se trouve dans l'intérieur du couteau s'ouvre et met en communication la conduite générale avec le récepteur.

L'air comprimé de la conduite générale, en arrivant dans le récepteur, ouvre un clapet de retenue et pénètre dans le réservoir de la voiture. Lorsque l'alimentation est terminée, c'est-à-dire lorsqu'il y a équilibre de pression entre la conduite et le réservoir, le clapet différentiel du couteau se referme automatiquement. Il en est de même du clapet de retenue du réservoir. En même temps, l'air qui restait dans le corps de pompe s'échappe dans l'atmosphère. Le couteau n'est plus maintenu en l'air que par le frottement qu'exercent les garnitures du joint. Le mécanicien est averti que l'équilibre s'est établi, d'abord par l'aiguille du manomètre, qui devient immobile, et ensuite par un coup de sifflet automatique. L'alimentation étant terminée, le mécanicien referme le petit robinet qu'il avait ouvert, le joint se dégonfle, n'offrant plus aucune résistance, le couteau descend et l'opération est terminée. La voiture peut repartir. Le temps qui s'écoule entre l'arrêt et le départ ne dépasse pas quinze secondes.

CANALISATIONS

La canalisation, qui amène l'air comprimé aux divers points de la ligne sur lesquels on veut que les voitures puissent se recharger, est constituée par des tuyaux d'acier ou de fer, d'un diamètre compris généralement entre quarante et cent millimètres.

L'assemblage de ces tuyaux se fait au moyen de joints à brides et à emboîtement. Une des brides porte une saillie annulaire, tandis que l'autre bride porte une rainure dans laquelle cette saillie vient s'encastrer. Au fond de cette rainure se place une rondelle en caoutchouc. Un nombre suffisant de boulons donne un serrage très énergique. Grâce à cette disposition, l'ouvrier n'a besoin que de savoir placer un anneau de caoutchouc dans une rainure et de savoir serrer des boulons. Ce sont là des détails qui ne demandent ni beaucoup d'intelligence ni un long apprentissage, et ce travail est à la portée de n'importe quel manœuvre. Ces joints sont même beaucoup plus faciles à exécuter que ceux des canalisations d'eau et de gaz.

De place en place la canalisation porte des robinets-vannes à corps en fonte, avec sièges et soupapes en bronze, analogues à ceux qui sont journellement employés pour les canalisations d'eau.

La canalisation d'air comprimé ne servant qu'à relier entre eux les divers points où les voitures doivent renouveler leur provision d'air, on voit que, dans le cas d'un réseau de lignes de tramways présentant une forme rayonnante, ce qui se produit le plus généralement, les lignes de tramways rayonnant du centre des villes vers les faubourgs, les canalisations d'air comprimé sont beaucoup moins longues que les lignes qu'elles ont à desservir *(fig. 14)*.

Il est, de plus, facile, grâce à la forme en boucle de ces canalisations, d'isoler instantanément, au moyen de robinets-vannes, tous les points des conduites qui exigeraient des réparations, et cela sans interrompre le service.

Les tramways électriques entraînent, au contraire, des canalisations compliquées et multiples. Leurs fils aériens ne peuvent avoir une longueur moindre que celle des lignes à desservir. En ajoutant à ces fils aériens les feeders d'alimentation, les fils de retour et toutes les canalisations accessoires indispensables, on arrive à des longueurs énormes.

Les canalisations d'air comprimé pour tramways ont

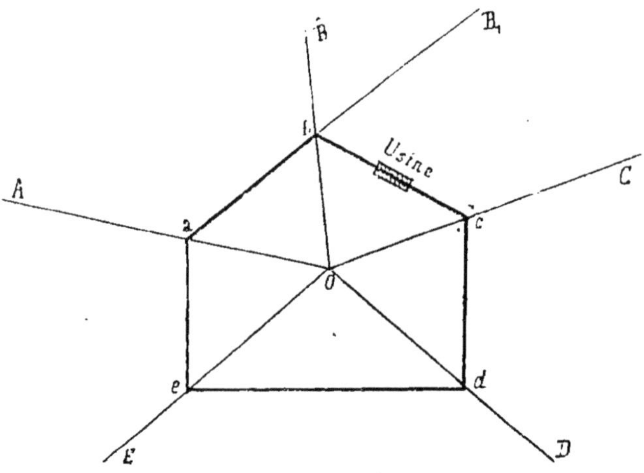

FIG. 14. — Schéma de la disposition des canalisations d'air comprimé d'un réseau de tramways urbains.

donc l'avantage, au point de vue du prix de revient, de la sécurité et de la simplicité. Leur durée peut être considérée comme presque indéfinie et est, dans tous les cas, bien supérieure à celle des fils aériens des systèmes électriques, fils aériens que le frottement du trolley use très rapidement et dont la durée moyenne est estimée à sept ans seulement. Le prix d'établissement de ces canalisations est bien inférieur à celui des canalisations électriques, et, une fois qu'elles sont en place, leur entretien peut être considéré comme pratiquement nul.

Les canalisations d'air comprimé ont, de plus, l'immense avantage d'être placées sous le sol de la voie publique, ce qui constitue une supériorité de plus en faveur de la traction à air comprimé, comparée à la traction électrique par trolley, la seule qui ait été consacrée par la pratique.

Nous avons dit, au début de cette étude, que les désagréments que comporte l'usage du trolley sont tels que dans beaucoup de villes où on l'avait installé, on tend maintenant à le remplacer par l'air comprimé. Ce mouvement a pris naissance en Amérique, pays d'origine du trolley, et où son emploi avait pris rapidement une si grande extension, avec cette réserve significative d'ailleurs que des villes, comme New-York, Washington, etc., etc., n'ont jamais autorisé l'installation de ce mode de traction sur leurs lignes purement urbaines.

Cette réserve d'ailleurs n'a rien de surprenant, si l'on considère que dans les installations de tramways recevant leur énergie motrice par l'intermédiaire d'une canalisation aérienne et d'un trolley, le circuit est formé par le rail, que l'on considère d'habitude comme un conducteur de résistance nulle. C'est une erreur, car ils ne sont jamais si bien assemblés qu'il ne se produise aux points de jonction de petites résistances qui font qu'une partie du courant passe à la terre. Il y trouve, dans les rues, des routes secondaires par les conduites parallèles d'eau et de gaz, où il provoquera des actions électrolytiques importantes.

Cette électrolyse a souvent comme anodes : d'une part les rails, d'autre part les conduites métalliques voisines; mais les rails seuls peuvent former deux pôles entre eux. Comme le sol contient non seulement de l'eau, mais toutes espèces de sels inorganiques et organiques, l'électrolyse se forme avec une différence de potentiel très faible et le résultat est une oxydation rapide et profonde des métaux atteints.

Ce qui est certain, c'est le mal causé à des conduites de gaz, d'eau et aux câbles téléphoniques souterrains par l'électrolyse due à ces puissants courants circulant dans la terre. Des tuyaux de gaz ont été percés en peu de semaines, des lignes téléphoniques mises hors de service par l'attaque du plomb protecteur de l'isolation, et ces accidents ont causé un émoi, d'autant plus grand et plus justifié, qu'en pareille matière on peut craindre que la continuité de la même cause ne finisse par mettre absolument hors d'usage, avec le temps, des kilomètres entiers de conduites d'eau.

Citons à cet égard des expériences de M. Farnham, de Boston.

Cet ingénieur a essayé de protéger les câbles de l'oxydation électrique en mettant les câbles atteints à la terre par l'intermédiaire de plaques de plomb enfouies. Il espérait ainsi que le courant, trouvant dans la terre elle-même un meilleur conducteur que les câbles téléphoniques sous plomb, n'atteindrait plus ces derniers. Cet espoir a été déçu. Un certain résultat a été atteint cependant, en disposant le courant de manière que les câbles fussent l'anode négative.

Cette méthode n'est pas suffisante, l'ammoniaque du sol attaquant facilement le plomb des câbles avec des courants même très faibles. Au reste, l'expérience a montré que le fer peut aussi être attaqué dans ces conditions avec une différence de potentiel ici moindre d'un demi-volt.

C'est là une première source de procès pour les Compagnies de tramways. Mais il en est une seconde qui n'est pas moins importante. On ne compte plus les accidents survenus sur la voie publique, accidents qui ont souvent déjà causé la mort de personnes, et dus la plupart du temps à la rupture des conducteurs. Presque tous les jours les journaux en enregistrent de nouveaux et les Compagnies ont eu de ce chef, des indemnités considérables à payer.

Enfin, en se plaçant à un autre point de vue, l'installation des réseaux aériens n'est guère faite pour embellir les villes. Quoi qu'on tente pour les orner, les potences qui servent à porter les conducteurs, resteront toujours des potences et l'on ne pourra jamais les empêcher de venir gâter les plus belles perspectives. Cette dernière raison suffirait à elle seule pour les faire proscrire par les municipalités soucieuses de conserver aux villes qu'elles administrent leur cachet particulier et pour leur faire repousser un mode de traction dont les accessoires obligés s'harmonisent généralement assez peu avec le caractère des voies où on les établit.

Et ce ne sont là que les principaux inconvénients et dangers que supprime l'emploi de l'air comprimé.

PRIX DE REVIENT DE L'AIR COMPRIMÉ

Du reste, avant le système Popp-Conti, l'air comprimé était déjà l'agent le plus économique qui pût être employé pour la traction mécanique des tramways. La traction par l'air comprimé était même plus économique que la traction par fil aérien, qui a eu son heure de vogue en Amérique; mais on a ailleurs des villes comme New-York, Washington, etc., qui, nous l'avons dit, n'ont jamais consenti à laisser installer ce mode de traction.

DÉSIGNATION DES MOTEURS ou des SYSTÈMES DE TRACTION	FRAIS D'EXPLOITATION y compris l'intérêt du capital de 1er établissement par voiture.		COUT DE TRACTION PAR VOITURE		COUT DU COMBUSTIBLE PAR VOITURE	
	MILLE EN CENTS (1)	KILOMÈTRE EN CENTIMES	MILLE EN CENTS	KILOMÈTRE EN CENTIMES	MILLE EN CENTS	KILOMÈTRE EN CENTIMES
1. Moteur à air comprimé.	15.21	51.47	4.10	13.87	0.70	2.37
2. Traction électrique par fil aérien.	16.41	55.53	4.25	14.38	0.70	2.37
3. Chemins de fer funiculaires.	17.19	58.17	5.85	19.80	0.70	2.37
4. Moteurs à gaz	19.70	66.66	7.30	24.70	1.30	4.40
5. Moteurs à ammoniaque.	21.87	74.00	8.20	27.75	1.30	4.40
6. Moteurs à vapeur. . . .	23.31	78.88	9.50	32.15	2.65	8.97
7. Moteurs à eau chaude. .	23.31	78.88	9.50	32.15	2.65	8.97
8. Traction par chevaux. .	26 »	87.98	9.00	30.46	»	»

(1) 1 cent. = 5.415 centimes, 1 cent par mille anglais correspond à 3.384 centimes par kilomètre.

Le tableau précédent donne les chiffres très curieux que cite à ce sujet E.-A. Ziffer, ingénieur civil, vice-président des « Kolomeaer-Localbahnen », à Vienne, dans le très intéressant rapport qu'il a présenté en 1894 à la huitième Assemblée générale de l'Union internationale permanente de Tramways réunie à Cologne. Ces chiffres ont été établis par Haupt, en supposant les divers systèmes fonctionnant dans des conditions identiques (1).

La même supériorité existe, d'après Haupt, en faveur de l'air comprimé, pour ce qui concerne les frais de premier établissement. En effet, d'après le tableau ci-dessous que E.-A. Ziffer citait en même temps que le précédent, le seul système plus économique à ce point de vue serait le moteur à ammoniaque, que diverses raisons rendent d'ailleurs absolument impraticable.

Désignation des moteurs.	Pour 6 milles de ligne à double voie.	Pour 6 milles de ligne à double voie.
	Dollars.	Francs.
1. Moteur à ammoniaque.	682.576	382.862
2. Exploitation pour chevaux	689.076	386.503
3. Moteurs à air comprimé.	717.576	407.888
4. Moteurs à gaz	729.576	409.219
5. Moteurs à vapeur ou à eau chaude	767.076	430.252
6. Traction électrique	831.176	466.207
7. Chemins de fer funiculaires	1.141.000	639.987

(1) Union internationale permanente de Tramways, huitième Assemblée générale, réunie à Cologne les 21, 22, 23 et 24 août 1894. Procès-verbal. Secrétaire général : F. Nonnenberg, ingénieur en chef de la Compagnie générale des Chemins de fer secondaires, rue Potagère, Bruxelles.

Il y a lieu, en outre, de faire ressortir que la traction par l'air comprimé permet d'exploiter, sans perte appréciable, avec une seule usine, des réseaux à long développement pour lesquels l'électricité donnerait lieu à des pertes de charge considérables. En outre, les mêmes canalisations peuvent, en augmentant leur diamètre, servir à distribuer de la force à domicile sur le parcours de la ligne, dans des conditions pratiques. Cette distribution, faite directement avec des courants électriques à 500 volts, constituerait un danger public.

Si tous ces avantages existaient avec le seul système de traction par l'air comprimé qui fût déjà connu, ils seront encore plus grands avec le système Popp-Conti. Nous avons vu, en effet, que ce système réalise de très réels progrès dans la manière d'utiliser l'air comprimé. L'emploi des pressions modérées est, en effet, beaucoup plus économique à tous les points de vue que celui des pressions de 60 à 80 kilogrammes. Il faut ajouter à cela l'économie très appréciable résultant de la marche en compound, du mode de chauffage perfectionné que nous avons décrit et du double réchauffage à l'entrée du petit et à l'entrée du grand cylindre.

Voici, du reste, quelques chiffres probants à ce sujet.

Étant donné le rendement à 44 0/0 que nous avons montré être le rendement réel de l'air comprimé, il est très facile de calculer le prix de revient du kilomètre-voiture.

Supposons un compresseur d'un bon constructeur, faisant de la compression en deux étages à 30 kilogrammes de pression, actionné directement par une machine à vapeur compound à condensation de 250 chevaux indiqués. Les constructeurs garantissent un volume d'air de 1.380 mètres cubes à la pression atmosphérique, refoulé par heure à la pression finale de 30 kilogrammes effectifs, avec une consommation de vapeur garantie de 7 kil. 5 par cheval indiqué et par heure, ou de 1.875 kilogrammes à l'heure.

Le poids du mètre cube d'air à + 15° centigrades étant de 1 kil. 23, les 1.380 mètres cubes d'air pèsent 1.697 kilogrammes.

Or, on alloue aux mécaniciens des tramways à air comprimé des chemins de fer Nogentais, sur des lignes très accidentées, et avec des voitures très lourdes, 10 kilogrammes d'air par kilomètre-voiture. Si ce chiffre, qui est indiscutable parce que c'est un fait, est vrai pour une voiture du système Mékarski qui a un rendement réel de 33 0/0, il le sera *a fortiori* pour les voitures du système Popp-Conti qui a un rendement de 44 0/0, du tiers plus élevé que celui du système Mékarski.

Donc les 1.697 kilogrammes d'air que nous a donnés notre machine de 250 chevaux marchant pendant une heure représentent 169,7 kilomètres-voiture.

Diminuons encore ce chiffre pour tenir compte des pertes, et comptons sur 160 kilomètres-voiture seulement. Ces 160 kilomètres-voiture exigent, comme nous l'avons vu, 1.875 kilogrammes de vapeur. Mettons-en 2.000. Dans n'importe quelle bonne chaudière on peut produire 7,5 kilogrammes de vapeur par kilogramme de charbon brûlé sur la grille. Nos 2.000 kilogrammes de vapeur consommeront donc en chiffres ronds 270 kilogrammes de charbon.

Donc 270 kilogrammes de charbon brûlé nous donneront 160 kilomètres-voiture.

Donc 1 kilomètre-voiture exige 1 kil. 69 de charbon.

Arrondissons encore et comptons 1 kil. 700.

Nous pouvons admettre ce chiffre. On voit que, ni les tramways à vapeur, ni les tramways électriques à trolley, ni les tramways à eau surchauffée, ni aucun autre système ne donnent une moindre consommation de charbon.

Nous arrivons au prix suivant, en supposant un million de kilomètres-voiture et les prix de Paris pour le kilomètre-voiture :

Frais de la traction pure. . . . . Fr.	0,1100
Frais de l'entretien du matériel roulant	0,0750
Éclairage de la voiture	0,0085
Total. . . . . Fr.	0,1935

Le kilomètre-voiture, dans le système Popp-Conti, coûte donc, très largement compté, 0,20 à Paris, ce qui prouve bien, comme nous le disions précédemment, que l'air comprimé, bien loin d'être, ainsi qu'on le répète, un des systèmes de traction les plus coûteux, est au contraire le plus économique de tous.

Dans ces conditions, les tramways Popp-Conti pourraient bien lutter avantageusement avec tous les autres systèmes, et, nous l'avons dit, leurs débuts à Saint-Quentin et autres villes où leur installation est décidée ne manqueront pas d'intérêt.

IMPRIMERIE CHAIX, RUE BERGÈRE, 20, PARIS. — 26096-12-95. — (Encre Lorilleux).

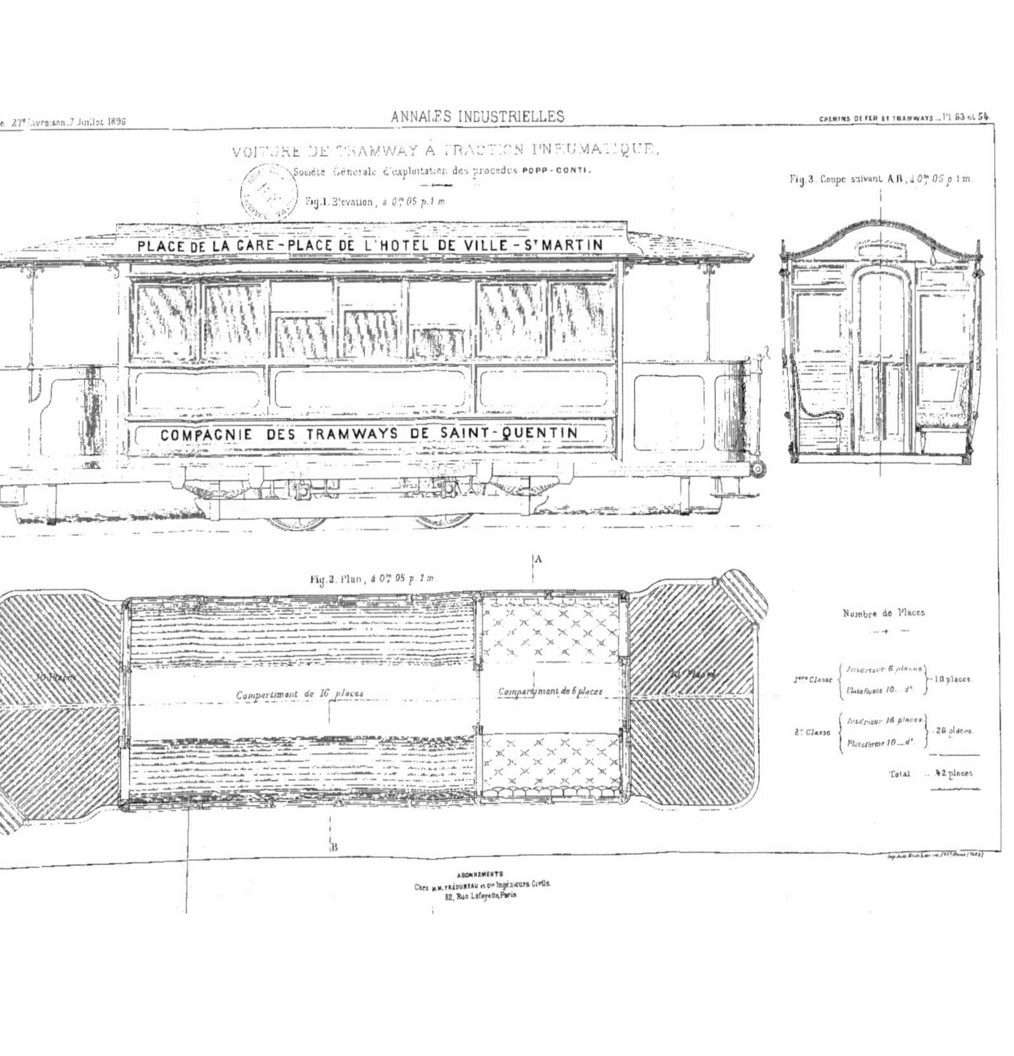
27e Livraison. 7 Juillet 1895
ANNALES INDUSTRIELLES
CHEMINS DE FER ET TRAMWAYS .. Pl 53 et 54.
VOITURE DE TRAMWAY À TRACTION PNEUMATIQUE,
Société Générale d'exploitation des procédés POPP-CONTI.
Fig. 1. Élévation, à 0m 05 p. 1 m
PLACE DE LA GARE - PLACE DE L'HOTEL DE VILLE - St MARTIN
COMPAGNIE DES TRAMWAYS DE SAINT-QUENTIN
Fig. 3. Coupe suivant AB, à 0m 05 p. 1 m.
Fig. 2. Plan, à 0m 05 p. 1 m.
A
10 Places
Compartiment de 16 places
Compartiment de 6 places
10 Places
B
Nombre de Places
1ère Classe { Intérieur 6 places / Plateforme 10 ... do } 16 places.
2e Classe { Intérieur 16 places. / Plateforme 10 ... do } 26 places.
Total ... 42 places
ABONNEMENTS
Chez MM. FRÉDUREAU et Cie Ingénieurs Civils.
52, Rue Lafayette, Paris.

VOITURE DE TRAMWAY À TRACTION PNEUMATIQUE.

Société Générale d'exploitation des procédés POPP-CONTI.

Fig. 1. Vue en plan, à 0,10 p 1m.

Détail de l'appareil moteur.

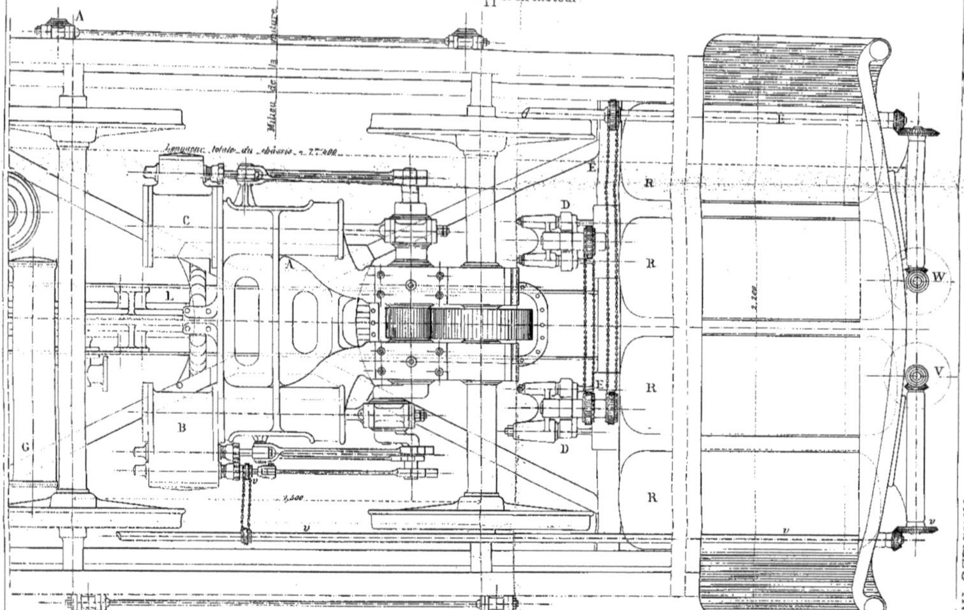

Fig. 2. Coupe verticale par l'axe de la caisse, à $0^{m},10$ p 1m.

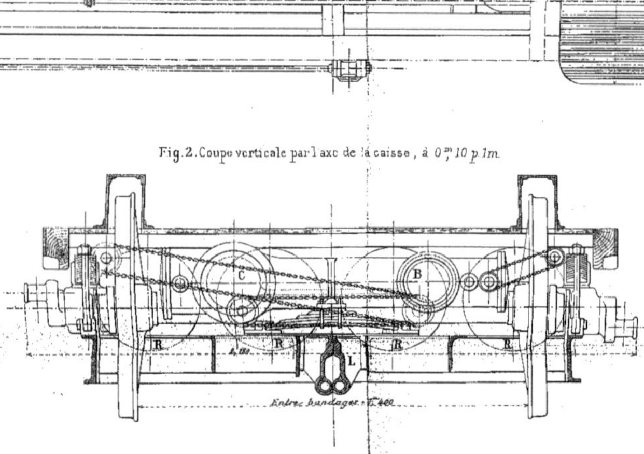

Fig. 3. Coupe verticale de l'usine centrale de compression.

ABONNEMENTS
Chez MM. FRÉDUREAU et Cie Ingénieurs Civils.
52, Rue Lafayette, Paris.

www.ingramcontent.com/pod-product-compliance
Ingram Content Group UK Ltd.
Pitfield, Milton Keynes, MK11 3LW, UK
UKHW021123230726
13926UKWH00002B/616